你笑起来，就是好天气

燕七◎著

中国水利水电出版社
www.waterpub.com.cn
·北京·

内 容 提 要

这是一本能够有效减轻压力的暖心绘本。作者把日常生活中的感想记录下来，温暖可爱的画风和令人回味的文字，让读者在阅读的过程中仿佛看见了自己。不管你处在什么时期，相信这本书都会引起你的共鸣！

图书在版编目（CIP）数据

你笑起来，就是好天气 / 燕七著. -- 北京：中国水利水电出版社，2022.3（2022.5重印）
ISBN 978-7-5226-0496-1

Ⅰ. ①你… Ⅱ. ①燕… Ⅲ. ①人生哲学－通俗读物 Ⅳ. ①B821-49

中国版本图书馆CIP数据核字(2022)第026616号

书　　　名	你笑起来，就是好天气 NI XIAO QILAI, JIUSHI HAO TIANQI
作　　　者	燕七 著
出 版 发 行	中国水利水电出版社 （北京市海淀区玉渊潭南路1号D座　100038） 网址：www.waterpub.com.cn E-mail: sales@waterpub.com.cn 电话：（010）68367658（营销中心）
经　　　售	北京科水图书销售中心（零售） 电话：（010）88383994、63202643、68545874 全国各地新华书店和相关出版物销售网点
排　　　版	北京水利万物传媒有限公司
印　　　刷	天津图文方嘉印刷有限公司
规　　　格	130mm×185mm　32开本　6印张　38千字
版　　　次	2022年5月第1版　2022年5月第2次印刷
定　　　价	49.80元

凡购买我社图书，如有缺页、倒页、脱页的，本社发行部负责调换
版权所有·侵权必究

目 录 CONTENTS

「Part 1」 因为喜欢，可迎万难

001—048

希望你一如既往地坚强勇敢，
站在迎着光的地方，活成自己想要的模样。

「Part 2」 生活很糟糕，还好我爱笑

049—082

今天再大的事，到了明天就是小事；
今年再大的事，到了明年就是故事。

Part 3 你笑起来，就是好天气

083—118

不要再追逐光明了，让自己发光吧。
让未来的你，感谢今天所付出的努力。

Part 4 自从没有了梦想，人生幸福多了

119—144

只要自己开心了，
这个世界就瞬间变得美好了。

Part 5 岁月漫长，不慌不忙也无妨

145—188

请接受你现在的样子，同时也完善你现在的样子。
岁月漫长，不慌不忙也无妨。

[Part 1] 因为喜欢,
可迎万难

希望你一如既往地坚强勇敢,
站在迎着光的地方,活成自己想要的模样.

再好的人生也不可能只有喜悦没有疼痛，尤其是在年轻时。
有时候我们会觉得这个世界糟透了，恨不得一切就此消失，
而其实，这只不过是命运给予我们的一些考验，没人能够幸免。

当有一天，你迂迂回回后终于到达了想去的地方，
才会惊讶地发现，原来之前所走过的一切，都只是通往这里的必经之路，
少一步都无法塑造出今天的你。

希望你一如既往地坚强勇敢，
站在迎着光的地方，活成自己想要的模样。

因 为 喜 欢, 可 迎 万 难

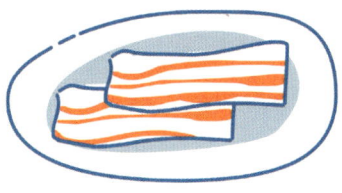

中年危机

人到中年就像是五花三层,

很少有人能做到——

瘦而不柴,油而不腻……

你笑起来,就是好天气

随便花

加油不如加肉,

干活不如干饭,

什么花都不如随便花。

因 为 喜 欢， 可 迎 万 难

甩锅

小时候在马路边捡了钱，

会问一声钱是谁的。

长大了在职场犯了错，
会问一声锅是谁的……

你 笑 起 来，就 是 好 天 气

工作

以前老板给我安排一些难办的工作，
我会想：要这种老板有什么用？

现在老板给我安排难办的工作，

我会想：老板要我有什么用……

因 为 喜 欢，可 迎 万 难

秋裤

人如果失去了梦想，

跟秋裤失去了绒有什么区别……

你的秋裤有绒吗？

美颜

朋友问我现在最流行的伟大发明是什么?

我打开手机拍了一张——

"美颜"照片。

因 为 喜 欢，可 迎 万 难

这个看脸的世界

对这个看脸的世界绝望了，

让我分不清楚……

谁才是爱我内涵的人。

你 笑 起 来，就 是 好 天 气

老板爱我

我跟老板说对我好点，

把我惹毛了不干活，

他就过不上想要的生活。

因 为 喜 欢，可 迎 万 难

我和我的猫都很想你

我和我的猫都很想你。

忽然发现我没有猫。

也没有你。

你笑起来，就是好天气

该去哪儿呢

很多人离不开这儿，
是因为不知道该去哪儿。

因为喜欢，可迎万难

懂得
很多道理

懂得很多道理，
依然过不好这一生，
是因为很多人不讲道理啊！

你笑起来，就是好天气

深夜尽量少思考

深夜尽量少思考，
要么就失眠，
要么失眠干夜宵。

因为喜欢，可迎万难

一切终将释怀

时间从不回头，
一切终将释怀。

每天吃一点甜品

每天吃一点甜品，
这样日子就可以一直
甜下去了。

因为喜欢，可迎万难

生活会欺负你

如果你觉得生活欺负了你，
不要难过，
接下来它还会继续欺负你。

你笑起来，就是好天气

随时告别

可能只有随时做好告别准备，
才能对别人不经意的离开
做到坦然释怀。

因 为 喜 欢，可 迎 万 难

当波澜不惊
成为习惯

当我习惯了波澜不惊，
内心的柔软早已成了茧。

你笑起来，就是好天气

在雨里淋了很久

每一个决定放手的人，
都在雨里淋了很久.

因为喜欢，可迎万难

能用钱解决的
我都解决不了

我发现凡是能用钱解决的，
我都解决不了。

你 笑 起 来，就 是 好 天 气

喝汤
还是
吃肉

爱喝鸡汤，
是因为锅里没有肉。

因为喜欢，可迎万难

吃得足够快

只要吃得足够快，
或许脂肪就追不上我。

你笑起来，就是好天气

你觉得全世界抛弃了你

不要觉得全世界都抛弃了你，
起码周一总会等你。

因为喜欢，可迎万难

成功的机会

上天给过我很多次成功的机会，
我都成功地错过了。

你 笑 起 来， 就 是 好 天 气

数学太难了

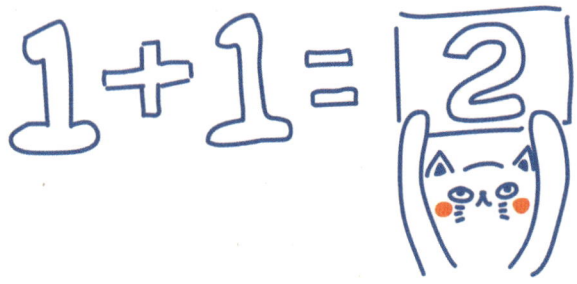

我不喜欢数学的主要原因就是，
即便我用上百种解题方法，
也改变不了结果。

因为喜欢，可迎万难

什么是自信

我问朋友："什么叫自信？"
他说："自信就是——
别人说我丑，
那就一定是他瞎。"

你笑起来，就是好天气

糟糕透了

别总觉得自己的人生糟糕透了，
大千世界，芸芸众生，
谁的烦恼又比谁少呢。

因 为 喜 欢，可 迎 万 难

经常觉得
过去的自己很傻

经常觉得过去的自己很傻，
过段时间再回头看，
现在的自己也同样傻。

你笑起来，就是好天气

保持年轻的秘诀

保持年轻的秘诀——
用孩子收获礼物的心情，
来过生命中余下的每一天。

因为喜欢，可迎万难

爬到梯子顶端

很多人拼尽全力爬到了梯子顶端，才发现梯子架错了地方。

你笑起来，就是好天气

大多数人的一生

不想努力，
又不甘心平庸，
是大多数人的一生。

因为喜欢,可迎万难

努力活着才能得到

有句话说:
"这世界上唯一不用努力就能得到的
只有年龄。"
可年龄也是靠我努力活着才得到的呀!

你笑起来,就是好天气

再也没有见

后来才知道,
很多说过再见的人,
再也没有见了。

因为喜欢，可迎万难

躺平很舒服

奋斗不一定会成功，
但躺平一定很舒服。

你笑起来，就是好天气

漫无目的

如果忘记了始发地，
也忘记了目的地，
索性就漫无目的。

因为喜欢，可迎万难

假装坚强

有时候，

大家不过是在假装坚强。

你笑起来，就是好天气

你的善解人意

你如今的善解人意，
是用曾经一次次的失望换来的。

因为喜欢，可迎万难

已经失去的东西

已经失去的东西，
就不要惦记了。
在惦记的过程中，
会失去更多。

你笑起来，就是好天气

天生丽质
不是长久之计

我要努力赚钱，
毕竟天生丽质不是长久之计。

因为喜欢，可迎万难

降低期待

把期待降到最低，
遇见的都是惊喜。

你笑起来，就是好天气

学会告别

喜欢花不一定要摘下，
喜欢风不一定要带回家，
人要学会跟不属于自己的
东西告别。

因为喜欢,可迎万难

收集小确幸

一路收集小确幸,
来面对生活的不确定。

你笑起来，就是好天气

你很好

你很好，

我们从未认识更好。

因为喜欢,可迎万难

真正的离开

真正的离开,
无法说出口。
大张旗鼓地走,
只是在等一句挽留。

你笑起来，就是好天气

终遇见你

路过四季，
终遇见你.

因为喜欢，可迎万难

你的偏爱

你的偏爱，

柔软了我的时光。

你笑起来，就是好天气

笑着流泪

宁可笑着流泪，
绝不哭着后悔。

「P_art 2」生活很糟糕，还好我爱笑

今天再大的事，到了明天就是小事；
今年再大的事，到了明年就是故事。

人生就是这样,百转千回后,你就渐渐学会了背对着人群哭,转过身微笑,学会了将心事不动声色地尘封和隐藏,有些过往,要用坚强来支撑。

你要学会捂上自己的耳朵,不去听那些熙熙攘攘的声音;这个世界上没有不苦的人,真正能治愈自己的,只有你自己。

今天再大的事,到了明天就是小事;今年再大的事,到了明年就是故事。

人类的误解

人类的误解有时候在于，
都理所当然地以为，
即便自己不表达，别人也该知道，
最终每个人都觉得自己委屈。

你笑起来，就是好天气

沉迷

沉迷什么，
什么就会控制你。

生活很糟糕，还好我爱笑

走不出围城

有些人，
走不出围城，
不是因为不认路，
而是喜欢被困住。

你笑起来，就是好天气

跑着去见你

不想怠慢我的想念，
所以决定跑着去见你。

生活很糟糕，还好我爱笑

喜欢我的请举个手

喜欢我的请举个手，不喜欢我的请你自己检讨一下。

你笑起来，就是好天气

人类需要糖果

这个世界需要童话，
人类需要糖果。

生活很糟糕，还好我爱笑

仪式感

一个对于仪式感很执着的人，
总是想给一段关系画一个
圆满的"句号"，
但是通常都是"省略号"。

你笑起来，就是好天气

懂你沉默的人

真正的朋友更懂你的沉默.

生活很糟糕，还好我爱笑

你在意的

你所在意的，
会在你不在意的时候
来到你身边。

你笑起来，就是好天气

好马不吃回头草

好马不吃回头草，
可能是颈椎不好。

生活很糟糕,还好我爱笑

被温柔对待过的人

心里的绳结越用力拴得越紧,
只有那些被温柔对待过的人,
才能轻柔地打开。

破罐子破摔

一旦开始破罐子破摔,
就会发现人生格局大开。

生活很糟糕，还好我爱笑

人间只需要温暖

银河系已经够冷了，
人间只需要温暖。

你笑起来，就是好天气

人们的悲欢
并不相通

人们的悲欢并不相通，
所以才有一个词叫作体谅。

生活很糟糕，还好我爱笑

爱情的意义

爱情的意义不是婚姻，
是幸福快乐。

你笑起来，就是好天气

你的温柔

你的温柔，
让我心中绽放出最美丽的花。

生活很糟糕，还好我爱笑

携温柔
向你而来

总有一些人，穿越人海，
携温柔向你而来。

你 笑 起 来，就 是 好 天 气

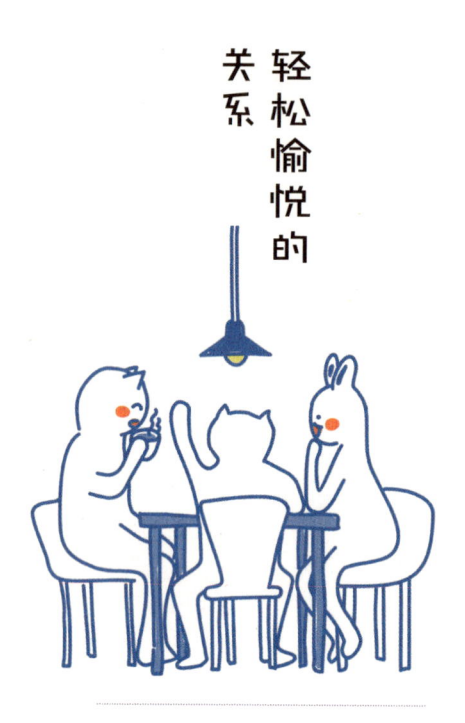

轻松愉悦的关系

任何关系，
使彼此轻松愉悦，
才有持久的吸引力。

生活很糟糕，还好我爱笑

陪伴是最温柔的告白

四季路过山海，
陪伴是最温柔的告白。

你笑起来，就是好天气

那些浪漫的事

那些浪漫的事，
是要我们用心去维护的。

生活很糟糕，还好我爱笑

走向我的勇气

若你有勇往直前
走向我的勇气，
我定许以延绵不绝的爱意。

你笑起来，就是好天气

不必刻意

不必刻意，
互相吸引的人
见面才有意义。

生活很糟糕，还好我爱笑

不确定才引人入胜

未来会有新的故事发生，
不确定才引人入胜。

所愿皆成真

希望你所遇皆良人，
所愿皆成真。

生活很糟糕，还好我爱笑

遇见的每一个人

生命中遇见的每一个人，
都有其存在的意义。

你 笑 起 来， 就 是 好 天 气

求放过

以前遇见庙，
会求财、求姻缘，
现在只一心求放过……

生活很糟糕，还好我爱笑

美好总会来到

未来难以预料，
美好总会来到。

你笑起来，就是好天气

随遇而安

随遇而安，
也对生活充满期待和新鲜。

生活很糟糕,还好我爱笑

五官拖了后腿

三观不合,

极有可能是五官拖了后腿。

你笑起来,就是好天气

东边不亮
哪边亮?

东边不亮,
西边、南边、北边,
可能也不亮。

生活很糟糕,还好我爱笑

纯粹的喜欢

纯粹的喜欢是
快乐且不占有。

你 笑 起 来，就 是 好 天 气

幸福之门

一道幸福之门关闭时，
另一道也不一定
会为你打开。

「P art 3」你笑起来，就是好天气

不要再追逐光明了，让自己发光吧。
让未来的你，感谢今天所付出的努力。

过一种平淡的生活，安安心心，简简单单，做一些能让自己开心的事。对生活不失希望，微笑面对困境与磨难，心怀梦想，即使遥远。

让自己忙一点，忙到没有时间去思考无关紧要的事，很多事就这样悄悄地淡忘了。时间不一定能证明很多东西，但是一定能看透很多东西。坚信自己的选择，不动摇，使劲跑，明天会更好。

不要再追逐光明了，让自己发光吧。让未来的你，感谢今天所付出的努力。

你笑起来,就是好天气

岁月静好

愿岁月静好,
总有不期而遇的
温暖和浪漫。

你笑起来，就是好天气

心里住着太阳

愿你心里住着太阳，
眼里全是光亮，
笑容坦坦荡荡。

你笑起来，就是好天气

总有很多瞬间

总有很多瞬间，
被生活摸了摸头，
浪漫且温柔。

你笑起来，就是好天气

我们都
不善言辞

我们都不善言辞，
连喜欢都止于唇齿。

你笑起来，就是好天气

不负我
奔赴一场

星河滚烫，
不负我奔赴一场。

你笑起来，就是好天气

自得其乐

自得其乐比指望别人带来快乐要可靠得多。

你笑起来，就是好天气

多换几个角度

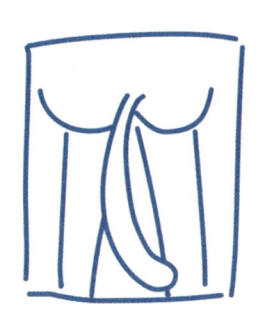

拍照的时候多换几个角度，
这样就会知道
原来哪个角度都不好看，
但你起码努力过。

你笑起来，就是好天气

你觉得
你们很默契

你觉得你们如此默契，
三观很合，
很可能是因为
没在一起经历很多。

你笑起来，就是好天气

待在安静的角落

待在安静的角落，
感受世界的热闹。

你笑起来，就是好天气

人生已经
如此艰难

人生已经如此艰难，
很多事情我选择视而不见。

你笑起来，就是好天气

自己发光

如果身处黑暗，
那就自己发光，
不要总是等着被照亮。

你笑起来，就是好天气

请你们直来直去

人只有上了年纪，
才听得懂别人话里话外的隐喻，
所以跟我讲话的人，
请你们直来直去。

你笑起来，就是好天气

天使

天使就是在你最需要
帮助和关心的时候，
缓缓向你走来的那个人。

你笑起来,就是好天气

关他们什么事

千万不要等到

大家都说你丑的时候,

你才意识到自己丑不丑关他们什么事。

你笑起来，就是好天气

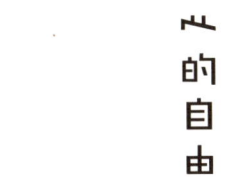

心
的
自
由

心若不自由，
肉体就是最大的囚笼。
心若自由，
便拥有了宇宙。

你笑起来，就是好天气

很多东西
是抓不住的

很多东西是抓不住的，
只有困难对你不离不弃。

你 笑 起 来, 就 是 好 天 气

等待和犹豫

等待和犹豫,
相当于慢性自杀。

你笑起来,就是好天气

心里住着风

来去自如的人,
心里住着风。

你笑起来，就是好天气

你的脸上
永远挂着微笑

你的脸上永远挂着微笑，
让人觉得关心你不需要。

你笑起来，就是好天气

时间模糊了很多东西

时间模糊了很多东西，
别忘了最初的自己。

你笑起来，就是好天气

与自己和解

与自己和解，
是对自己最大的温柔。

你笑起来，就是好天气

幸福的人

幸福的人不是什么都拥有，
而是对已经拥有的感到满足。

你 笑 起 来，就 是 好 天 气

给别人一些甜

吃过很多苦的人，
总不忘给别人一些甜。

你笑起来，就是好天气

去见你的路上

去见你的路上，
想揽星星入怀，
把光捧到你手心上。

地久天长

那些瞬间的美好时光,
只要放在心里珍藏,
就可以地久天长。

我爱的生活

人间俗常,
星河浪漫,
皆是我爱的生活。

你笑起来，就是好天气

不听别人言

不听别人言，
开心很多年。

你笑起来，就是好天气

后会有期

愿后会有期时，
能别来无恙。

你 笑 起 来，就 是 好 天 气

心动不易

心动不易，
不要慢待了它。

你笑起来，就是好天气

还好可以微笑

生活一地鸡毛，
还好我们可以微笑。

你笑起来，就是好天气

了不起的自己

一直对你不离不弃的，
是那个了不起的自己。

你笑起来，就是好天气

人间烟火
也是挚爱

心中有星辰大海，
人间烟火也是挚爱。

你笑起来，就是好天气

人
间
值
得
热
爱

看过山，见过海，
人间值得热爱。

你 笑 起 来, 就 是 好 天 气

人到中年

一眨眼快到中年了,
早知道就不眨眼了。

Part 4 自从没有了梦想，人生幸福多了

只要自己开心了，
这个世界就瞬间变得美好了。

当你觉得处处不如人时，不要自卑，记得你只是平凡人。当别人忽略你时，不要伤心，每个人都有自己的生活。

当你看到别人在笑时，不要以为世界上只有你一个人在伤心，其实别人只是比你会掩饰。当你很无助时，必须要振作起来，即使输掉了一切，也不要输掉微笑。

突然发现，这个世界只要自己开心了，就瞬间变得美好了。记住，每天的太阳都是新的，好好去爱，去生活。

自从没有了梦想，人生幸福多了

让自己快乐

如果疯一下能让自己快乐，
那就没有必要改变。

你笑起来，就是好天气

行走江湖的最高境界

云淡风轻，
是行走江湖的最高境界。

自 从 没 有 了 梦 想，人 生 幸 福 多 了

我现在能
干三碗饭

我已经不是那个受了点委屈，
就深夜买醉的少年了。
我现在能干三碗饭，
要是还委屈，歇会儿再干三碗。

你笑起来，就是好天气

没有耽误
我干饭

听了很多大道理，
并没有耽误我干饭。

自从没有了梦想，人生幸福多了

赞美你的
和骂你的

开始赞美你的和后来骂你的，
很可能是同一批人。

你笑起来，就是好天气

用笑容
掩盖悲伤

城市用繁华来掩盖匆忙，
人们用笑容来掩盖悲伤。

自从没有了梦想，人生幸福多了

玻璃跟水晶

玻璃跟水晶碎在一起，
谁也分不清自己。

你笑起来，就是好天气

人类之所以复杂

人类之所以复杂，
是因为他们总是善恶交替。

自从没有了梦想，人生幸福多了

寻找更舒适的圈

要勇敢走出舒适圈，
去寻找更舒适的圈。

你笑起来，就是好天气

真的
很舒适啊

舒适圈最大的特点就是：
真的很舒适啊！

自 从 没 有 了 梦 想，人 生 幸 福 多 了

迈过这道坎

你迈过眼前这道坎，
还会有下一道坎。

你笑起来，就是好天气

人生是一条单行道

人生是一条单行道，
你可以不走，
但是后面的人不但会按喇叭，
还可能追尾。

自 从 没 有 了 梦 想, 人 生 幸 福 多 了

幸
运

幸运,
是上天对善良的馈赠。

你笑起来，就是好天气

用心品尝

酸甜苦辣都是生活，
都值得用心品尝。

自 从 没 有 了 梦 想， 人 生 幸 福 多 了

吃完再考虑胖瘦

饭否，饭否？
吃完再考虑胖瘦。

你 笑 起 来，就 是 好 天 气

彻底死心

如果当初再坚持一下就好了，
那样就可以彻底死心了。

自从没有了梦想,人生幸福多了

谁还不会一样乐器了

谁还不会一样乐器了?
我退堂鼓打得可棒了!

你笑起来，就是好天气

小时候被狗吓过

请别冲我大喊大叫，
我小时候被狗吓过。

自从没有了梦想，人生幸福多了

自己会醒来

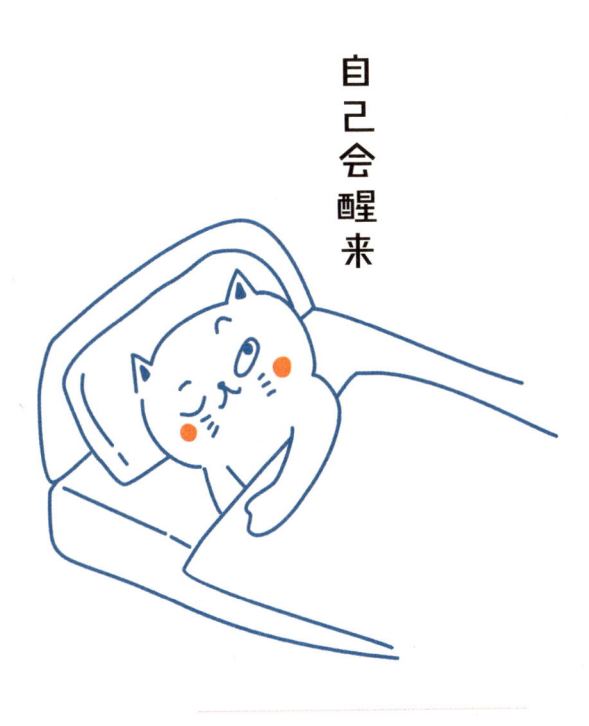

不要试图叫醒一个装睡的人，
饿得不行的时候他自己会醒来。

你笑起来，就是好天气

春风得意的别人

别看别人表面上
春风得意马蹄疾，
他们背后也是。

自从没有了梦想,人生幸福多了

独处的自在

独处是谁也不用取悦的自在。

你笑起来，就是好天气

你那么懂事

你那么懂事，
一定吃过不少苦，
受过不少委屈吧！

自从没有了梦想，人生幸福多了

灿烂一场

愿我们都能在自己热爱的世界里灿烂一场。

你笑起来，就是好天气

喜欢是
藏不住的

喜欢是藏不住的，
笑意早已告知山海。

「Part 5」岁月漫长，
不慌不忙也无妨

请接受你现在的样子，同时也完善你现在的样子。
岁月漫长，不慌不忙也无妨。

如果你要做一件事，请不要炫耀，也不要宣扬，只管安安静静地去做。千万不要因为虚荣心而炫耀，也不要因为别人的一句评价而放弃自己的梦想。

不需要成为别人嘴里的那个人，只愿自己在摩肩接踵的人群里，心里有底气，不会因为平凡而感到心慌，这个世界上不会再有第二个你了。

请接受你现在的样子，同时也完善你现在的样子。岁月漫长，不慌不忙也无妨。

岁月漫长，不慌不忙也无妨

一个路痴
出走半生

一个路痴出走半生
还是不是少年不知道，
归来怕是够呛了。

你笑起来,就是好天气

忘记是最好的开始

忘记,
是最好的开始。

岁月漫长，不慌不忙也无妨

喧闹任其喧闹

喧闹任其喧闹，
孤独是风一样的自由。

你笑起来，就是好天气

有阳光的地方

有阳光的地方才会有阴影，
身处黑暗才能见证光明。

岁月漫长,不慌不忙也无妨

幸福的铺垫

那些苦难,
后来成为幸福的铺垫。

你笑起来，就是好天气

不会表达者的宿命

不被理解

是不会表达者的宿命。

岁月漫长，不慌不忙也无妨

放不下的执念

放不下的执念，
时光会为你风轻云淡。

你笑起来,就是好天气

人在江湖飘

人在江湖飘,怎能不挨刀?
虽然我人不在江湖,
但还是躲不过朋友发过来的
"帮我砍一刀"。

岁月漫长，不慌不忙也无妨

如果太清醒

如果太清醒，
这世间就没有趣味了。

你笑起来，就是好天气

想不通了
就放一放

如果有一件事，
你想不通了，那就放一放。
等过一段时间，
就会有很多件了。

岁月漫长,不慌不忙也无妨

再来一碗

人生苦短,再来一碗。

你 笑 起 来, 就 是 好 天 气

充满了不甘

人们对于没有得到的
总是充满了不甘,
是因为对于
已经拥有的缺少感激。

岁月漫长，不慌不忙也无妨

人生不能
太过圆满

人生不能太过圆满，
所以生命中多有遗憾。

你笑起来,就是好天气

渴望翅膀

当你意识到,
围墙之外还是围墙,
才会渴望翅膀。
三点一线的重复生活,
让人羡慕流浪。

岁月漫长，不慌不忙也无妨

有趣的人

有趣的人
会把鸡毛蒜皮过成
诗情画意。

你笑起来，就是好天气

许愿

对着星河许愿，
带去我的思念。

岁月漫长，不慌不忙也无妨

不辜负初见

愿我们始终如少年，

不辜负初见。

你笑起来，就是好天气

告白

月亮躲进了云彩，
隐藏了没说出口的告白。

岁月漫长，不慌不忙也无妨

一个人走

如果不是志同道合，
有些路一个人走更自在惬意。

你 笑 起 来, 就 是 好 天 气

美好的
不期而遇

阳光万里,春风和照,
期待美好的不期而遇。

遇见新的自己

人生就是不停地和昨天的自己告别，遇见新的自己。

你笑起来，就是好天气

过喜欢的生活

过自己喜欢的生活，
也就是努力的意义。

岁月漫长，不慌不忙也无妨

学会放手

撞了南墙记得回头，
得不到的温柔要学会放手。

你笑起来，就是好天气

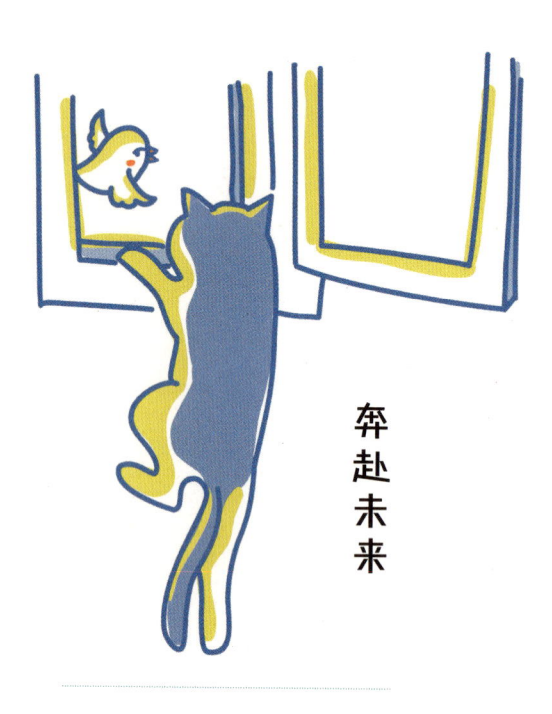

奔赴未来

鸟儿飞过窗台，
喊我一起奔赴未来。

岁月漫长，不慌不忙也无妨

泛泛之辈

你我不过泛泛之辈，
却会因听首歌被戳中心事而流泪。

你笑起来，就是好天气

失眠

为了想明白最近为什么失眠，
今晚我又失眠了。

岁月漫长，不慌不忙也无妨

所处都自由

愿你所处都自由，
所遇皆温柔。

你笑起来,就是好天气

做好情绪管理

人应该做好自己的情绪管理,
这样你们就不会来气我了。

岁月漫长，不慌不忙也无妨

一无所有

一无所有，
是无限拥有的开始。

你笑起来，就是好天气

不要频频回头

未来还有很长的路要走，
不要再频频回头。

岁月漫长，不慌不忙也无妨

为了开心而活

两个人很好，一个人也不错，
我们终其一生是为了开心而活。

你笑起来，就是好天气

艰难的时候

每个人都有艰难的时候，
挺过去，就习惯了。

岁月漫长，不慌不忙也无妨

祈求生活
善待我

祈求生活善待我，
我只是个刚从幼儿园毕业
几十年的孩子而已。

你笑起来，就是好天气

生活常出难题

生活常出难题，
我措手不及，也马不停蹄。

岁月漫长　不慌不忙也无妨

做自己的
小太阳

愿你有能量做自己的小太阳，
也有余力给别人一束光。

你笑起来，就是好天气

麻烦你
克服一下

如果我有什么地方你看不惯，
麻烦你克服一下。

岁月漫长，不慌不忙也无妨

我想出去
让别人看看

世界那么大，我那么好看，
我想出去让别人看看。

你笑起来,就是好天气

吃不胖的
都有恃无恐

瘦不了的永远在骚动,
吃不胖的都有恃无恐。

岁月漫长,不慌不忙也无妨

对你敞开了心

我之所以单纯,
是因为对你敞开了心。

你笑起来，就是好天气

心怀热烈

心怀热烈，乐观向阳，
我们也会成为人间宝藏。

岁月漫长,不慌不忙也无妨

盛大的浪漫

期待盛大的浪漫,
人间烟火也惊艳。

你 笑 起 来， 就 是 好 天 气

岁月漫长

岁月漫长，
不慌不忙也无妨。